I0000781

8°T
3
c
86

DU

CLIMAT D'ALTITUDE

RAPPORT

PRÉSENTÉ AU CONGRÈS D'HYDROLOGIE DE CLERMONT-FERRAND

PAR LE

Dr EUGÈNE DE LA HARPE

Privat-docent de Balnéothérapie et de Climatothérapie à l'Université de Lausanne

MÉDECIN CONSULTANT A LOUÈCHE-LES-BAINS

CLERMONT-FERRAND

TYPOGRAPHIE ET LITHOGRAPHIE G. MONT-LOUIS

2, RUE BARBANÇON, 2

1896

DU

CLIMAT D'ALTITUDE

RAPPORT

PRÉSENTÉ AU CONGRÈS D'HYDROLOGIE DE CLERMONT-FERRAND

PAR LE

Dr EUGÈNE DE LA HARPE

Privat-docent de Balnéothérapie et de Climatothérapie à l'Université de Lausanne

MÉDECIN CONSULTANT A LOUÈCHE-LES-BAINS

CLERMONT-FERRAND

TYPOGRAPHIE ET LITHOGRAPHIE G. MONT-LOUIS

2, RUE BARDANÇON, 2

1896

DU CLIMAT D'ALTITUDE

PAR LE Dr EUGÈNE DE LA HARPE,

Privat-docent à l'Université de Lausanne, médecin consultant à Louèche-les-Bains.

I

QUE DOIT-ON ENTENDRE PAR CLIMAT D'ALTITUDE?

Si nous voulons définir le climat d'altitude, c'est-à-dire chercher les caractères physiques qui le déterminent et lui appartiennent à lui seul, nous ne trouvons guère qu'un seul caractère qui lui soit spécial et qui s'applique à toutes les altitudes du globe : la diminution de la pression barométrique.

Tous les autres ne sont que des modifications en plus ou en moins de facteurs climatiques appartenant à tous les climats (sécheresse, luminosité, etc.), et en outre, ils sont soumis du fait de la latitude à des variations importantes.

Aussi proposerions-nous de faire entrer dans la définition deux caractères empruntés à l'action du climat d'altitude sur l'organisme, tout en sachant bien que ce n'est pas là un procédé rigoureusement scientifique. Nous voulons parler des modifications du sang et de la respiration qui sont causées par ce climat et peuvent par conséquent servir à le déterminer.

1° *Diminution de la pression atmosphérique.* Caractère commun à tous les climats d'altitude.

Faut-il une diminution quelconque de la pression ou une diminution notable pour qu'un climat puisse porter le nom de climat d'altitude? Il y a là un élément très variable et relatif. Pour celui qui habite au bord de la mer, une élévation de 1,000 mètres pourra paraître beaucoup plus importante que ne le serait une dénivellation de 1,000 mètres pour un sujet habitant ordinairement à 600 mètres et se transportant à une altitude de 1,600 mètres.

Les climats échelonnés sur les pentes des reliefs terrestres sont des climats d'altitude par rapport les uns aux autres.

Mais, en réalité, on a empiriquement reconnu que l'action thérapeutique devenait bien évidente à partir d'une certaine élévation. On a tracé ainsi une limite tout arbitraire qui varie suivant les appréciations entre 1,200 et 1,300 mètres. Comment a-t-elle été établie? Sans doute à la suite de la singulière sensation de « légèreté » que ressent l'homme sain dans ces altitudes, et qui devient bien évidente à partir de ce point. Ou encore à la suite du fait que la température moyenne est très sensiblement abaissée (c'est en somme la fraîcheur que l'on va chercher en été dans les lieux élevés). Ou bien, enfin, parce que, en hiver, on est, à partir de cette ligne fictive, au-dessus de la couche de brouillards et de nuages qui couvre fréquemment la plaine.

Il ne serait pas étonnant que cette limite arbitraire soit trop élevée, par le fait qu'elle a été établie par des auteurs habitant les pays de montagnes. Les habitants de plaines basses ressentent sans doute les effets vivifiants du climat d'altitude à une hauteur inférieure à cette limite.

Les climats des stations de montagnes plus basses sont souvent des plus utiles et doivent fréquemment être prescrits à l'exclusion des climats d'altitude proprement dits. Nous savons d'ailleurs que ces zones relativement basses, ont aussi une action puissante sur le sang. Mais, au moins pour la clarté des indications médicales, est-il nécessaire de réserver le mot d'*altitudes* pour les zones tout à fait élevées, et d'appliquer aux régions plus basses la dénomination de *zones montueuses* ou de zone des *pré-alpes*.

Ces réserves faites sur la valeur relative du mot altitude, il faut considérer comme bien établi que la zone des altitudes, absolument parlant, c'est-à-dire au-dessus de 1,200 à 1,300 mètres, a une action tonique énergique toute particulière qu'on ne retrouve pas ailleurs à la montagne.

2° *Action globuligène du climat d'altitude.* Appartient bien à ce climat et le caractérise d'une façon intéressante. Elle se manifeste dans nos latitudes aussi bien dans la zone des hautes altitudes que dans la zone montueuse.

Ce n'est pas le lieu de retracer ici les travaux qui se sont rapidement succédés depuis quelques années sur ce sujet important, depuis le moment où Paul Bert a ouvert la voie : rappelons seulement les noms de Viault, Regnard, Egger, Miescher, Sellier, etc.

Le fait brut, c'est que le climat d'altitude augmente le nombre des globules rouges dans une proportion qui peut aller jusqu'à 15 et 25 0/0 du nombre normal, et cela rapidement. Les montagnards comptent de 6 à 8 millions d'érythrocytes au lieu de 5 millions, chiffre normal.

L'hémoglobine suit une augmentation parallèle à celle des globules, mais qui semble retarder sur celle-ci.

Les expériences de Regnard, de Sellier ont démontré que cette hyperglobulie est bien due à la diminution de la pression barométrique.

Seulement, il faut le répéter, cette hyperglobulie a lieu aussi bien dans les stations de la zone montueuse que dans la zone d'altitude proprement dite. Des dénivellations de 774, 707 et même 452 mètres ont suffi, d'après les expériences de Karcher, Suter et Veillon, pour la faire naître ; ces dénivellations amenaient les sujets observés à une altitude absolue maximum de 985 mètres. A 700 mètres, d'après Wolff, on constate une augmentation des globules rouges de 20 0/0.

Le sang est donc un réactif très sensible vis-à-vis de la dépression barométrique.

Ce phénomène a-t-il lieu dans toutes les altitudes du globe? Nous aurions ainsi un caractère spécifique de grande valeur. La latitude a-t-elle sur lui une action modificatrice? Si Viault l'a constaté en tout premier lieu dans les Cordillères, dans la zone des tropiques, il se pourrait qu'il ne s'y produisît qu'à partir de 3,000 mètres. D'après de récentes recherches d'un médecin hollandais à Java, le docteur Kohlbrugge (qui dirige en cette île le Sanatorium de Tosari à 1,777 mètres d'altitude), les globules rouges des personnes arrivant de la plaine à Tosari n'y subissent pas d'augmentation, et les montagnards de ces pays n'ont pas beaucoup plus que les 5 millions de globules réglementaires, malgré une pression moyenne de 622$^{m}/^{m}$. Kohlbrugge suppose que peut-être l'action globuligène ne se fait sentir en cette région qu'à une altitude encore bien supérieure, Java se trouvant dans la zone tropicale (7° lat. Sud).

Pour Kohlbrugge, ce fait prouve que la diminution de la pression barométrique n'est pas le vrai et en tous cas pas le seul facteur de la multiplication des globules.

De nouvelles recherches concernant les pays tropicaux sont indispensables. Il se pourrait que le climat de l'altitude à Java possède certains éléments qui empêchent le développement de l'hyperglobulie.

Pour nos pays, les seuls réellement en cause ici, nous dirons que cette action globuligène est spécifique pour les altitudes ; la preuve, nous la trouvons dans le fait curieux que l'hyperglobulie disparaît rapidement dès que le sujet regagne la plaine, fût-il acclimaté depuis longtemps dans la haute montagne.

3° *Action spéciale du climat d'altitude sur la respiration.* — Cette action a été connue et étudiée longtemps avant l'hyperglobulie ascensionnelle. Les travaux de Mermod, Marcet, Véraguth, etc., ont établi d'une part que le sujet acclimaté inspire moins d'air dans les altitudes qu'à la plaine; d'autre part, qu'il élimine davantage d'acide carbonique (environ 20 0/0 en plus). Il faut moins d'oxygène pour produire plus d'acide carbonique, dit Marcet.

Je me bornerai à ces indications sommaires, suffisantes pour montrer que de ce côté aussi le climat d'altitude a une action spéciale. Est-ce là qu'il faut chercher la clé de la sensation de vie, de légèreté, de force musculaire, que donne l'altitude au nouvel arrivant?

Existe-t-il un rapport entre l'hyperglobulie et cette modification des échanges respiratoires?

Autant de questions qu'un avenir prochain éclaircira, espérons-le.

Caractères importants du climat d'altitude, mais qui n'appartiennent pas à lui seul.

1. La *sécheresse de l'air*, corollaire de la diminution de la pression.

L'humidité de l'air a des conséquences de tout premier ordre pour le climat, ainsi que Chiaïs l'a encore récemment démontré : sa diminution à la montagne signifie augmentation de la luminosité, de l'insolation, de l'amplitude de l'excursion thermométrique journalière, etc.

2. *La pureté de l'air* appartient au climat d'altitude (mais non point à lui seul, puisqu'on le retrouve sur la haute mer) ; absence de germes, poussières, microbes. Assurément, c'est là un caractère théorique, pour ainsi dire, et si délicat qu'il disparaît dès que

l'agglomération humaine prend quelque importance à la montagne. Mais il peut donner la clé de l'immunité phtisique constatée chez certaines populations de montagne peu denses et n'ayant pas d'immigration en retour.

Conclusions. Le climat d'altitude est caractérisé au point de vue physique par la diminution de la pression barométrique; au point de vue physiologique, par son action spéciale sur le sang et la respiration.

Il possède en outre comme caractères secondaires importants (mais qu'il partage avec d'autres climats) la sécheresse et la pureté de l'air.

II.

CONDITIONS QUE DOIT REMPLIR UN CLIMAT D'ALTITUDE.

Nous rechercherons quelles sont les conditions désirables au point de vue thérapeutique.

L'altitude seule ne suffit pas; les conditions secondaires sont souvent aussi et même plus importantes que l'altitude elle-même. Pour une altitude égale, la station la meilleure sera celle qui en réunira le plus.

1re Condition. Calme de l'air. De toute importance, condition fondamentale. Il faut avant tout un abri contre les vents dominants de la région et surtout contre les vents froids (dans nos pays d'Europe centrale, ceux du N., du N.-E.).

Le calme de l'air est indispensable pour la promenade, pour le stationnement en plein air; il est désirable même sous les galeries couvertes des sanatoriums.

Certaines hautes vallées sont heureusement partagées sous le rapport du calme de l'air, par exemple Davos.

Un vent chaud redoutable souffle parfois dans la région des Alpes, de la Suisse et du Tyrol; c'est le fœhn. Il peut faire déconseiller certaines stations d'ailleurs favorablement situées comme altitude.

Quant aux vents locaux qui soufflent régulièrement le jour vers les sommets, la nuit vers la vallée, leur influence se fera moins sentir dans le fond de la vallée que sur les flancs de la montagne. Ce sont surtout des vents d'été.

Il est impossible de se mettre à l'abri de ces vents locaux aussi bien qu'il l'est dans les stations maritimes de se garantir contre les brises régulières de terre et de mer.

Il sera bon toutefois de s'assurer dans quelle direction le vent de la vallée souffle le jour : s'il souffle approximativement du midi, c'est-à-dire dans le sens des rayons du soleil, les malades ne peuvent se mettre à l'abri du vent sans se soustraire du même coup aux rayons de cet astre.

2e Condition. Insolation aussi longue et aussi parfaite que possible. La topographie du lieu en question doit être étudiée au point de vue de la longueur du jour. Y a-t-il des montagnes-écrans, masquant le soleil le matin, le soir? La diminution des heures d'insolation, surtout la précocité du coucher du soleil est certainement un des défauts de l'altitude le plus sensible aux malades. Il est rare qu'une station d'altitude n'ait pas un coucher de soleil précoce. Son lever tardif a, on le conçoit sans peine, moins d'inconvénients pour le malade que sa trop prompte disparition.

Même en acceptant le point de vue de certains climatologistes, que l'exposition directe aux rayons du soleil peut être nuisible aux malades, il n'en demeure pas moins vrai qu'une longue insolation est nécessaire aussi bien pour élever la température moyenne de la journée que pour exercer une influence psychique favorable sur les malades.

3e Condition. Minimum de chute d'eau atmosphérique. A la montagne, les jours de pluie, de neige, sont les plus difficiles à traverser ; ils condamnent les malades à la chambre (réserve faite des galeries des sanatoriums). L'abattement, l'ennui ne tardent pas à se montrer et par contre-coup l'état physique des malades se ressent de ces phénomènes atmosphériques.

Il est très important de considérer le côté de la montagne sur laquelle est placée la station dont le climat doit être utilisé. Dans nos latitudes de l'Europe centrale, les pentes Ouest des montagnes constituent le côté relativement pluvieux ; le versant Est est relativement sec. C'est d'autant plus important que la chute d'eau augmente avec l'altitude (jusqu'à un niveau qui dépasse en Europe celui des altitudes thérapeutiquement recommandables), et que, par conséquent, plus on va haut, plus il y a avantage évident à se trouver sur le flanc relativement sec d'une chaîne de montagnes. Malheureusement, pour nos pays, le côté relativement humide (W., S.-W.) est celui de la meilleure insolation. On le choisit quand même parce que, si l'on y trouve plus de pluie ou de neige, on y jouit de l'abri maximum contre les vents froids du N. et du N.-E.

Dans nos montagnes de l'Europe centrale, où la pluie vient avec les vents de l'Ouest (N.-W., S.-W.), il est avantageux de choisir les climats de vallées situées à l'E. ou au N.-E. des hautes chaînes; on a ainsi la plus grande chance de trouver le minimum de chute d'eau (ainsi la région du centre des Grisons, celles du centre et de l'est du Valais, etc.).

4e *Condition. Température hivernale modérément basse.* — Si, *en été*, une température inférieure à celle de la plaine est une chose favorable pour nombre de malades et qui attire dans les altitudes le public en général, *en hiver*, en revanche, il n'y a aucun avantage à exposer le malade à des températures extrêmes contre lesquelles il doit lutter par des combustions plus intensives. Les minima d'une station idéale ne doivent donc pas être trop bas.

Les minima des stations placées dans les vallées sont parfois plus importants que ceux des sommités voisines (coulées d'air froid, insolation moins prolongée).

5e *Condition. Altitude proportionnée au degré de résistance du malade.* — Tous les malades ne sont pas aptes à être dirigés vers les stations d'altitude proprement dites. Il est certain que c'est dans le climat des très hautes altitudes, jusqu'à 2,000 mètres, par exemple, que l'homme sain se sent le plus rafraîchi, le plus tonifié, le plus fort, et instinctivement, le malade prend le chemin de ces hautes stations. Mais il y est exposé à de nombreux inconvénients auxquels l'homme sain peut résister : variations importantes de la température et de l'humidité de l'air, changements de temps brusques, radiation énorme, etc., sans parler de la diète respiratoire, du défaut d'oxygène qui peut se faire sentir dans ces très hautes altitudes.

Aussi est-il nécessaire de dire ici que, dans les remarques thérapeutiques que je vais exposer dans un instant, j'entends par altitudes la zone maniable de 1,300 à 1,800 mètres, zone à laquelle ne sont pas applicables les observations faites soit dans les très hautes ascensions de montagne, soit dans les voyages en ballon. Ces observations avaient jeté au début sur les altitudes un discrédit peu justifié et dont l'expérience a fait promptement justice.

Les altitudes moyennes et basses ont un caractère beaucoup moins rude, moins excitant; l'air y est plus uniformément humide, les variations de la température y sont moins profondes, la végétation plus riche, la lumière moins vive. Les stations qui y sont situées ne sauraient donc être négligées et sont les stations de choix pour de nombreux malades. Dans nos contrées de l'Europe centrale, le climat d'*été* éprouve entre 600 et 1,200 mètres du fait de l'élévation un notable rafraîchissement, sans que l'air ait les inconvénients des hautes altitudes.

En *hiver*, il est vrai, c'est dans les hautes altitudes que l'on a le plus de chances de trouver le beau temps et l'insolation prolongée; car le brouillard (les nuages) se cantonne souvent dans les altitudes moyennes (1,000 à 1,200 mètres), tandis que plus haut, on plane au-dessus de lui.

Il y a, il est vrai aussi, dans la zone inférieure, bien des variétés et des nuances climatiques dues aux conditions topographiques particulières à chaque station. L'action thérapeutique y est efficace sur nombre de malades (nous savons que l'action globuligène des altitudes s'y fait sentir).

Enfin, les stations d'altitude moyenne serviront de lieu d'acclimatation (stations dites *intermédiaires)* pour les malades faibles que l'on désire faire séjourner dans la haute montagne. Il leur est utile, indispensable parfois, de s'adapter préalablement à l'altitude modérée avant d'affronter le climat des très hautes stations.

III

INDICATIONS DU CLIMAT D'ALTITUDE.

§ 1. *Anémie, chlorose.* — Comptent parmi les indications les plus connues et les plus anciennes du climat d'altitude. L'action globuligène du climat est directement et immédiatement utile, mais seulement d'une façon temporaire, parce que le malade se déglobulise dès son retour à la plaine. Cependant Sellier croit pouvoir supposer que le séjour temporaire dans un milieu d'oxygène de faible tension peut favorablement influencer un malade d'une façon définitive, quand même cette action ne se produirait pas sur l'homme normal.

Il faut recommander aux malades un séjour prolongé.

Pour le choix d'une station, il faut se baser sur la force de résistance du malade, sur sa capacité de calorification et sur l'état de son système nerveux. Il pourra, selon les cas, séjourner dans les très hautes altitudes, comme Saint-Moritz, Arosa, etc., ou bien au contraire chercher entre 600 et 1,200 mètres la formule climatique qui lui convient.

Dans la très grande anémie, les hautes altitudes sont interdites, ou ne seront permises qu'après un séjour préalable de quelques semaines dans une altitude moyenne.

§ 2. *Tuberculose pulmonaire.*—Après avoir cru trouver dans le climat d'altitude un spécifique contre la tuberculose, on est peut-être allé trop loin de l'autre côté en ne voulant lui reconnaître qu'une action hygiénique comme celle du climat de plaine. En vérité, pour ceux qui ont senti l'impression toute spéciale qu'exerce sur l'organisme le climat des hautes régions, impression que l'on ne retrouve dans aucun autre climat, soit au bord de la mer, soit en plaine, pour ceux-là, dis-je, il est difficile de ne pas admettre une action spécifique du climat d'altitude. La constatation des modifications du sang n'est-elle pas déjà une preuve de son existence?

Il faut dire, d'ailleurs, que les conditions du traitement des tuberculeux à la montagne se sont profondément modifiées depuis que l'on a créé des sanatoriums d'altitude comme ceux de Leysin, de Davos, où le malade se trouve placé sous une surveillance médicale incessante, et peut faire la cure de repos en plein air. C'est de là sans doute qu'a pu venir l'idée que le climat d'altitude n'agit que par des conditions hygiéniques communes à tous les climats.

Mais nous croyons qu'il est erroné de conclure, en partant du fait que l'on peut guérir la phtisie par l'hygiène, que le climat a peu de valeur.

La question est de savoir quels sont les malades à qui l'hygiène dans un climat indifférent quelconque suffit pour se guérir, et quels sont ceux à qui un changement de climat est utile ou nécessaire.

L'utilité du climat d'altitude n'a plus besoin d'être démontrée; mais il reste encore à préciser dans quels cas il est indispensable.

Il nous faut aussi, avant de terminer ces considérations générales, insister sur la nécessité absolue de placer le tuberculeux aux altitudes dans les meilleures conditions possibles : les sanatoriums, les hôtels ou les villas construites d'après les règles de l'hygiène moderne, sont seuls recommandables; il faut éviter les chalets, les hôtels ordinaires mal construits, mal aérés. Des installations spéciales sont nécessaires.

Prédisposition à la tuberculose. — Influence anti-anémique et fortifiante du climat; endurcissement du corps et développement des muscles et de la cage thoracique par des sports rationnels et par l'ascension des pentes.

D'après une théorie intéressante, la cause du développement de la tuberculose dans le sommet du poumon se trouverait dans le développement imparfait du cœur et du système artériel, amenant avec lui l'anémie de la région supérieure du poumon. Si cette théorie est exacte, le traitement par l'altitude serait excellent dans la prédisposition à la tuberculose, car il tend à fortifier et à développer le muscle cardiaque. (Observations de Hœssli de Saint-Moritz.)

Il est à désirer que de nouveaux sanatoriums s'élèvent à des altitudes favorables (très élevées), fermés aux tuberculeux et réservés aux jeunes gens menacés par la tuberculose. Là, soumis sans cesse à l'action de l'air alpin, ils pourraient continuer leurs études en même temps que se fortifier. Ces prédisposés doivent être séparés des tuberculeux proprement dits, surtout de ceux qui se trouvent dans la période de destruction pulmonaire.

Tuberculose confirmée. — Il y a déjà longtemps que les indications des climats d'altitude ont été magistralement tracées par Jaccoud ; il a montré que tous les phtisiques ne peuvent pas bénéficier du séjour dans les altitudes ; qu'il y a à cet égard une question de tolérance à laquelle s'opposent des contre-indications basées sur l'état général du phtisique, sur son mode réactionnel et sur ses lésions locales. Il nous sera permis de présenter quelques développements sur ces points importants :

État général. L'état du phtisique sera apprécié d'après son affaiblissement, la réponse que le médecin suppose qu'il fera aux agents actifs du climat d'altitude, température plus basse, sécheresse plus grande, etc. Est-il capable de produire assez de calorique, mange-t-il, les fonctions digestives et assimilatrices sont-elles encore en bon état ? Pourra-t-il faire davantage de chaleur et engraisser quand même ?

Mode réactionnel. Quelle influence l'altitude aura-t-elle sur le système nerveux ? Le malade est-il facilement excitable, son cœur est-il aisément accéléré, la réaction fébrile, le sommeil mauvais ou agité ? en un mot, est-ce un excitable ou éréthique ? En pareil cas, l'altitude risque de nuire plutôt que d'être utile, réserve faite de l'acclimatation qui se produit parfois même chez des malades de cette catégorie.

Lésions locales. Plus importantes au point de vue de leur étendue qu'à celui de leur degré ; il faut qu'il y ait encore une surface pulmonaire saine d'étendue suffisante qui puisse fonctionner normalement dans l'air des altitudes. Une petite région de fonte et de cavernisation est préférable à une infiltration disséminée sur une large surface.

Toutes ces restrictions, ces conditions préalables n'ont qu'une signification : le malade est-il encore en état de répondre par une plus grande intensité de vie aux agents énergiques du climat d'altitude?

Si la réponse est affirmative, on peut dire avec Jaccoud que le traitement par les altitudes est le traitement de choix pour la phtisie ordinaire ou chronique au début. Moins les réactions sont vives, plus le climat des altitudes sera recommandable.

Il faut ajouter une condition importante, c'est que le malade soit docile, disposé à suivre à la lettre les avis de son médecin. J'ai vu, comme tous nos confrères pratiquant à la montagne, des conséquences sérieuses être la suite de l'entraînement irréfléchi ou de l'insouciance des malades. Une courte promenade sur les pentes, pendant laquelle le malade se laisse entraîner par les plaisirs de l'ascension, peut coûter cher. A ce point de vue, la création des sanatoriums d'altitude peut être considérée comme un bienfait, le malade étant surveillé et protégé contre ses propres intentions déraisonnables. L'ascension des pentes peut être excellente dans tel ou tel cas, mais elle doit être dosée et prescrite comme on le ferait d'un remède énergique.

Radovici rapporte dans sa thèse le fait qu'il existe une différence entre les malades anglais et allemands au point de vue de la curabilité de leur tuberculose à Davos : les premiers ne veulent en général pas se soumettre à la cure de repos et se laissent entraîner par leur amour national pour les sports. Leur mortalité est plus forte que celle des tuberculeux allemands, malades plus dociles, faits pour les sanatoriums.

Il faut en effet des malades faits pour ce genre de traitement, obéissant au médecin, sachant patiemment voir les heures s'écouler dans une monotonie presque désespérante, et convaincus que pour eux chaque minute doit être un travail, un effort lent mais raisonné vers la guérison.

Dans la phtisie à forme lente et chronique, le malade doit choisir les altitudes aussi près du début de l'affection que possible et y séjourner hiver et été d'une façon permanente. (Durée moyenne du séjour de 19 phtisiques guéris, 129 jours, d'après Spengler ; maximum 270 jours.)

Contre-indications. — La phtisie massive aiguë avec envahissement en bloc et fonte rapide.

Dans la période d'infiltration active avec forte fièvre, celle-ci subsiste comme à la plaine et défie les efforts thérapeutiques. En revanche, la fièvre de résorption, la fièvre septique, est justiciable des altitudes ; un malade avec du pus septique dans les poumons, dit Huguenin, et de la fièvre qui en est la conséquence, doit aller dans les altitudes et non ailleurs.

Les *hémoptysies* ne sont pas une contre-indication en tant qu'accident pathologique de début ou de destruction. L'expérience a prouvé qu'elles sont moins fréquentes dans les altitudes qu'à la plaine.

En revanche, elles sont bien une contre-indication quand elles sont greffées sur un tempérament éréthique, excitable (phtisie hémoptoïque éréthique de Jaccoud) ; ici le tempérament prime l'accident.

La tuberculose *grave* du larynx (les accidents légers ou du début ne sont pas une contre-indication) ; la diarrhée et la néphrite, l'albuminurie, toutes ces complications ultimes déconseillent l'altitude. On ajoute aussi l'emphysème et les affections cardiaques.

Notons encore deux catégories de malades intéressants : en premier lieu, certains sujets ne peuvent vivre dans les altitudes, y perdent l'appétit, y ont constamment froid et tombent dans un état de lassitude perpétuelle, état qui rappelle de loin l'hibernation de certains animaux.

D'autres malades ne peuvent supporter l'altitude au point de vue psychique ; le calme et la monotonie du paysage, surtout en hiver, la vie grise et uniforme et même le voisinage des montagnes les poussent à s'en aller. C'est là qu'il faut chercher la cause de l'exode d'un grand nombre de malades au printemps, après les longs mois d'hiver.

§ 3. *Autres affections pulmonaires.* — Les altitudes pourront être conseillées avec avantage dans certains cas où il subsiste des résidus d'affections aiguës pulmonaires, quand les processus inflammatoires ont totalement disparu, pneumonie et pleurésie chronique, restes d'inflammations pulmonaires grippales, etc. Ici, ce sont surtout les stations de la zone montueuse qui peuvent être utilisées.

La bronchite chronique avec bronchorrée peut être modifiée et même guérie par l'action desséchante du climat d'altitude, d'après les observations de Lauth.

L'asthme bronchique pur se trouve souvent amélioré par un séjour à la montagne; mais on ne peut dire à priori si l'on obtiendra un résultat, ni à quelle hauteur le malade doit aller chercher le soulagement.

§ 4. *Affections cardiaques.* — Le séjour des cardiaques dans les altitudes est un point controversé. Les uns le recommandent, d'autres au contraire le croient nuisible. Nous pensons que pour se faire une opinion sur cette question il faut connaître l'état du muscle cardiaque et savoir en outre s'il y a un sanatorium dans la station où le malade veut aller.

Les altitudes seront défendues si l'on peut conclure de l'examen du malade à l'existence d'une altération du muscle cardiaque; elles seront permises sous bénéfice d'inventaire, c'est-à-dire à condition de voir ce que donnera l'acclimatation, si le muscle est normal, même s'il y a lésion valvulaire. L'athérome est une contre-indication qui explique pourquoi les vieillards doivent être prudents en choisissant une station de montagne.

Le sanatorium, avec sa discipline et sa surveillance continuelle, est nécessaire au cardiaque, car il doit être au repos dans les altitudes, et pour ses exercices, suivre ponctuellement les avis de son médecin. L'existence de chemins horizontaux ou très peu inclinés, ainsi que de chemins de pente diverse, convenablement classés, a pour cette catégorie de malades une importance primordiale.

Il faut en tous cas, je le répète, faire des réserves sur la période d'acclimatation.

On conseillera avec autant d'avantages et avec moins de risques les stations d'altitude moyenne de la zone montueuse; mais les mêmes remarques sont applicables à leur topographie.

Pour ma part, je dois dire que les expériences que j'ai faites à Louèche (1,411 m.) avec les cardiaques ne sont point favorables. Ces malades trouvent autour d'eux trop de tentations, et se laissent entraîner à faire des promenades sur les pentes ou même des ascensions. La liberté leur est funeste, il leur faut dans les altitudes, s'ils veulent absolument y aller, la règle précise du sanatorium.

Névroses cardiaques. — En cas de palpitations nerveuses, de tachycardie, de neurasthénie cardiaque, on pourra obtenir de bons résultats dans les altitudes moyennes, 600 à 1,000 mètres. Il faut que la station choisie offre les ressources de promenades faciles, de pentes variées, la proximité des forêts, etc. Peut-être le malade pourra-t-il, après une période d'acclimatation, s'élever plus haut.

Dans la *maladie de Basedow,* le séjour prolongé dans les altitudes a donné de favorables résultats ; le nombre des pulsations diminue au bout d'un certain temps. (La diminution de ce nombre s'observe chez les phtisiques guéris à Davos, d'après L. Spengler ; elle a été en moyenne de 22 pulsations sur 19 malades). Weber conseille les altitudes moyennes ou très élevées. J'ai vu les pulsations s'abaisser de 120 à 96-102, en six semaines, à Louèche (1,411 m.) ; il est vrai qu'en même temps la malade suivait un traitement galvanique et hydrothérapique.

§ 5. *Affections nerveuses.*— Hœssli (de Saint-Moritz) a constaté l'excellence d'un séjour prolongé dans les altitudes pour les enfants nerveux, névralgiques, prédisposés aux névroses (hérédité, surmenage). Non-seulement le climat tonique de la haute montagne leur est bon, mais encore les sports auxquels ils peuvent se livrer contribuent à remettre l'organisme en équilibre et à fortifier le système nerveux. Hœssli, Egger (d'Arosa) ont vu le séjour des altitudes convenir parfaitement à ces enfants nerveux qu'on retire de l'école par crainte de surmenage et qu'en réalité l'on plonge à la maison dans une vie agitée et trop excitante pour leur âge.

Neurasthénie. — Les résultats des climats de montagne sont bons en général, seulement les hautes altitudes ne sont pas toujours recommandables, et l'on a souvent de meilleurs résultats dans une altitude moyenne, 1,000 mètres environ.

Il faut au neurasthénique une bonne station de montagne, une vallée ouverte, non encaissée, avec excursions faciles et excellentes installations (Bouveret).

Le séjour doit être long et il se prolongera parfois avec avantage jusque dans l'hiver. Dans les cas favorables, on constate l'amélioration de la dyspepsie, la disparition des maux de tête, de la rachialgie, le retour des forces et de l'entrain, l'amélioration de la nutrition, l'augmentation du poids, la disparition de l'anémie (Egger).

En général les neurasthéniques traversent une période d'acclimatation pendant laquelle leurs souffrances augmentent et qui les décourage souvent; aussi plusieurs retournent-ils à la plaine au bout de peu de jours.

Le côté faible, c'est assurément le sommeil, les malades répondant sur ce point à l'altitude d'une façon variable et individuelle. Les uns dorment d'emblée mieux qu'à la plaine; d'autres dorment mal tout le temps de leur séjour; d'autres enfin ne dorment bien qu'après une période d'acclimatation plus ou moins longue pendant laquelle le sommeil est mauvais.

Si l'insomnie persiste, et que l'on constate chez le neurasthénique une excitabilité exagérée, une augmentation permanente de ses douleurs, il faut lui conseiller de quitter les altitudes.

D'une façon générale, l'expérience m'a montré que les résultats du traitement de la neurasthénie par les altitudes sont aussi variables et aussi capricieux que cette maladie elle-même, et dépendent pour beaucoup des circonstances extérieures indépendantes du climat, hôtels, distractions, société, etc.

Comme il est toujours fâcheux de mettre les neurasthéniques en communication avec d'autres malades, il est à désirer qu'on les dirige sur des stations qui ne soient pas remplies de tuberculeux.

Contre-indications (Egger). Neurasthénie hypocondriaque ou mélancolique, ou avec agoraphobie (j'ajouterai, la *clinophobie*, ou peur des pentes; certains malades ne peuvent traverser la plus petite pente sans avoir du vertige); sujets très faibles ou débiles, très excitables, très âgés.

Egger insiste surtout sur la neurasthénie avec grande anémie; en pareil cas, les malades se sentent plus misérables dans les hautes altitudes qu'à la plaine.

Parfois le neurasthénique, ainsi que j'en ai vu quelques exemples, est obligé de quitter les altitudes quand les montagnes sont trop rapprochées et qu'il se sent écrasé par leur voisinage *(orophobie)*.

On ne saurait trop insister pour certains cas de neurasthénie (notamment avec grande anémie) sur l'importance de l'altitude moyenne (600 à 1,000 mètres). Ce séjour sera parfois provisoire pour préparer le malade et lui permettre de se rendre dans les hautes altitudes au bout de quelques semaines.

§ 6. *Affections paludéennes.* — Les stations d'altitudes très élevées sont fort utiles en cas de paludisme, fièvre intermittente, anémie paludéenne, cachexie, tuméfaction chronique de la rate, etc. Au sanatorium de Tosari (1,777 mètres), dont je parlais tout à l'heure, dans l'île de Java, les malades atteints de fièvre intermittente guérissent en trois à quatre jours, au plus tard au bout d'une semaine; chez quelques-uns, la fièvre disparaît pendant qu'on les transporte au sanatorium (Kohlbrugge). Quelle ressource pour les pays tropicaux qui possèdent de hautes montagnes!

§ 7. *Albuminurie, maladie de Bright.* — Théoriquement, les hautes altitudes conviendraient aux albuminuriques et brightiques, vu la sécheresse de l'air favorable au fonctionnement régulier de la peau, à une évaporation cutanée intensive. En pratique, elles ne peuvent être conseillées en pareil cas, en hiver, à cause de leur basse température; en été, à cause de la grande variabilité de la température et de l'humidité relative. Les altitudes moyennes pourront entrer éventuellement en ligne de compte, dans les régions sèches des Alpes (par exemple Sierre et les vallées du Haut-Valais, la Basse-Engadine, etc).

§ 8. *Diabète.* — Stations montueuses d'altitude moyenne, ou, en été, stations élevées bien choisies (par exemple Saint-Moritz), à titre de climat tonique et réparateur.

§ 9. *Indications diverses.* — Nous ne saurions terminer cette revue sans rappeler l'utilité des climats d'altitude dans les cas de faiblesse, de convalescence, toutes les fois qu'il s'agit de remonter un organisme affaibli par une cause quelconque. Dans ce cas, les stations d'altitude moyenne ont une valeur qu'on néglige peut-être, mais qui ne saurait être trop appréciée, surtout aujourd'hui où les moyens de locomotion perfectionnés permettent d'y arriver rapidement et sans fatigue.

DU MÊME AUTEUR

Formulaire des Eaux minérales, de la Balnéothérapie et de l'Hydrothérapie. Paris, J.-B. Baillière. 2e édit. 1896.

Formulaire des Stations d'été et des Stations d'hiver. Paris, J.-B. Baillière. 1894.

La Suisse balnéaire et climatérique. Zurich, C. Schmidt. 1891.

Loueche-les-Bains : ses eaux thermales, son climat d'altitude. Paris, J.-B. Baillière. 1893.

Note sur le climat de Loueche-les-Bains. Congrès d'Hydrologie. 1889.

Une visite à Davos. 1885.

Le climat d'altitude, ses facteurs, son action sur l'homme. Leçon d'ouverture du Cours de Balnéothérapie et de Climatothérapie. Genève. 1893.

On the choice of a place suitable for a high altitude Sanatorium. 1893.

Some remarks on the climate and baths of Switzerland. 1893.

Des conditions d'un climat pour qu'une station puisse porter le nom de Station climatique. 1894.

Clermont-Ferrand. — Imprimerie Mont-Louis, rue Barbançon, 1 et 2.

BIBLIOTHEQUE NATIONALE DE FRANCE
3 7531 03932225 1